蔬菜水果要多吃

蓝灯童画 著绘

读者出版传媒股份有限公司
甘肃科学技术出版社

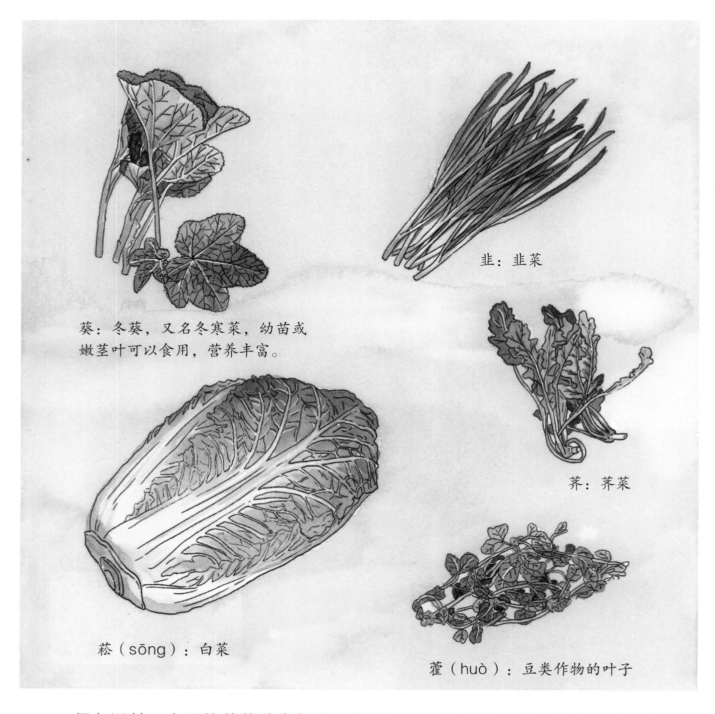

葵：冬葵，又名冬寒菜，幼苗或
嫩茎叶可以食用，营养丰富。

韭：韭菜

荠：荠菜

菘（sōng）：白菜

藿（huò）：豆类作物的叶子

　　很久以前，中国的蔬菜种类很少，常见于文字记载的主要有五种：葵、韭、
荠、菘、藿。

胡萝卜　　　　黄瓜　　　　香菜

汉朝张骞出使西域后，一些商队沿丝绸之路而来，带来了胡萝卜、黄瓜、香菜。

西红柿　土豆　花菜　卷心菜　南瓜

　　随着大航海时代的到来，更多蔬菜品种被发现，并跟随航海家和探险家传到世界各个角落。我们熟知的西红柿、辣椒、南瓜、红薯和土豆等从美洲传到了中国，卷心菜等其他甘蓝科蔬菜也从欧洲飘洋过海来到了东方。

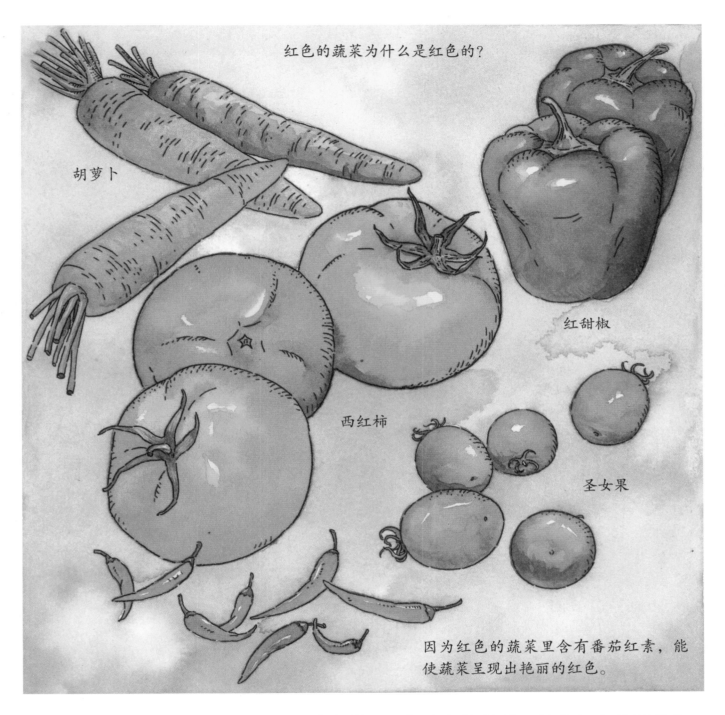

红色的蔬菜为什么是红色的？

胡萝卜

红甜椒

西红柿

圣女果

因为红色的蔬菜里含有番茄红素，能使蔬菜呈现出艳丽的红色。

我们去市场和超市能见到各式各样、五颜六色的蔬菜，这些红色的蔬菜你都认识吗？

17世纪，一位法国画家对西红柿产生了好奇，忍不住冒着生命危险吃了一个——结果打开了新世界的大门，西红柿从此成为深受全世界人民喜爱的蔬菜之一。

最初西红柿被当作花园观赏植物和表达爱意的礼物。

西红柿，又叫番茄，是最常见的蔬菜之一，酸甜可口，营养丰富。

西红柿原产于南美洲，但最初并没有被人们当作食物，因为它的色彩过于艳丽，看上去像有毒的样子，被称为狼桃。

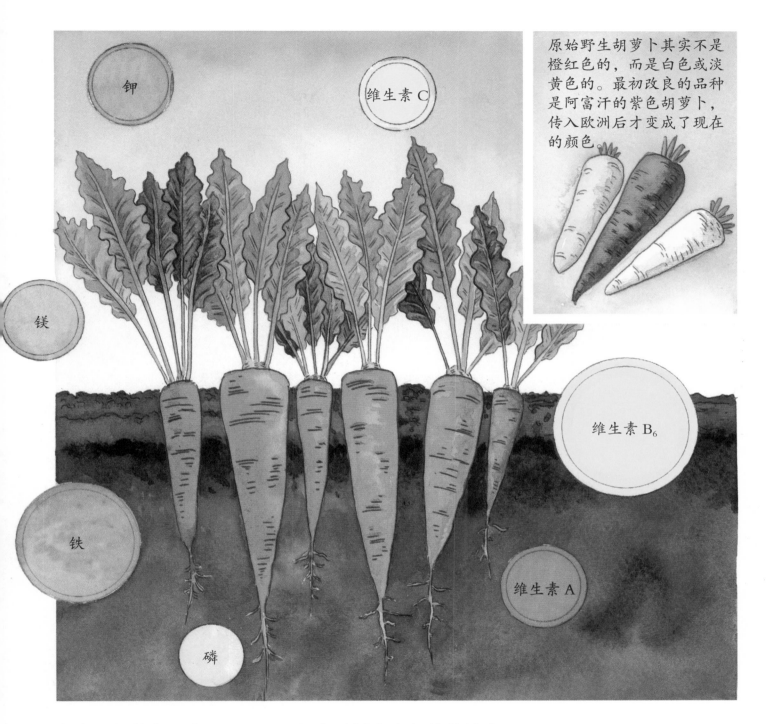

钾

维生素 C

原始野生胡萝卜其实不是橙红色的，而是白色或淡黄色的。最初改良的品种是阿富汗的紫色胡萝卜，传入欧洲后才变成了现在的颜色。

镁

维生素 B₆

铁

磷

维生素 A

胡萝卜原产于西亚，已经有 4000 多年的栽培史。

它是世界上最重要的根茎类蔬菜之一，营养丰富。经常吃胡萝卜可以补充维生素 A 及其他微量元素，有助于预防夜盲症，增强抵抗力，对健康有益。

韭黄是韭菜经过遮光培育出的品种，因为无法进行光合作用，不能产生叶绿素，叶黄素的黄色便显现出来。

甘薯

土豆

韭黄

黄椒

黄花菜

南瓜

新鲜的黄花菜食用前应在开水中烫漂，以去除有毒物质。

黄色蔬菜因富含胡萝卜素或叶黄素，而呈现出鲜明的黄色，你能叫出这些黄色蔬菜的名字吗？

在我国，每年农历九月九日，是毛南族的"南瓜节"。这一天，家家户户把收获的南瓜摆满楼板，供人们逐一挑选。被选中的南瓜，即"南瓜王"，会被用来制作南瓜小米粥。

南瓜原产于墨西哥到中美洲一带，明朝时引入中国。
南瓜含有丰富的多糖与叶黄素，经常食用能增强免疫力。

甘薯和土豆都富含淀粉，可是为什么一个甜，一个不甜？
因为甘薯含有淀粉酶，淀粉酶与淀粉相互作用产生糖，而土豆不含淀粉酶，所以不甜。

甘薯植株

土豆植株

甘薯的花很像牵牛花；土豆的花和西红柿花很接近。

甜甜的烤甘薯

美味的炒土豆丝

　　甘薯是一种常见的块根类食物，而土豆是块茎类食物。

　　甘薯和土豆的营养价值都很高，甘薯被誉为"抗癌第一食物"，土豆被称为"万能蔬菜"，但是它们的味道有很大的区别。

丝瓜

秋葵

油麦菜

菠菜

西兰花

青椒

莴苣

卷心菜

大白菜

生菜

芦笋

绿色蔬菜是蔬菜中的大家族，因为有叶绿素的存在，所以看上去绿油油的。

苏轼在《和陶西田获早稻》里提到了"菘"（即白菜）："早韭欲争春，晚菘先破寒。人间无正味，美好出艰难。"

白菜虽然一年四季都能吃到，但只有经过霜打的白菜才格外甜美，所以大诗人苏轼才会说"美好出艰难"，感叹美食来之不易。

白菜耐寒又高产，而且营养丰富，是冬天最重要的蔬菜之一，深受人们喜爱。以前，北方一入冬，家家户户都开始囤白菜。

将白菜推崇为"百菜之王"的是国画大师齐白石，齐老不但爱吃白菜，更爱画白菜。

中国是白菜的原产地，古时称"菘"，迄今已有六七千年的栽培史。中国民间有句俗语"百菜不如白菜"，把白菜视为各种叶菜类蔬菜的代表。

西蓝花是西餐中常见的配菜。

西蓝花是花吗？
我们通常食用的部分是西蓝花的花球，花球是花菜贮藏营养的器官，它不是一朵花，而是花茎、肉质花梗以及许许多多花原基的集合。有些花原基继续发育，在花茎顶端分化出花蕾，然后才能开出真正的花。

西蓝花是花菜的一种，又叫青花菜，原产于地中海沿岸，19 世纪末传入中国。

中国是目前最大的芦笋生产国和重要的出口国之一。

奶油芦笋汤

芦笋原产于地中海沿岸及小亚细亚地区，已有 2000 年以上的栽培历史，在西方享有"蔬菜之王"的美称，营养又美味。

秋葵是锦葵科植物，里面有黏黏的液体，吃起来滑溜溜的。

青椒是茄科植物，里面没有黏液。有的青椒吃起来辣辣的。

白灼秋葵

青椒炒肉丝

秋葵和青椒是不是有点像？不过，它们是两种完全不同的蔬菜。

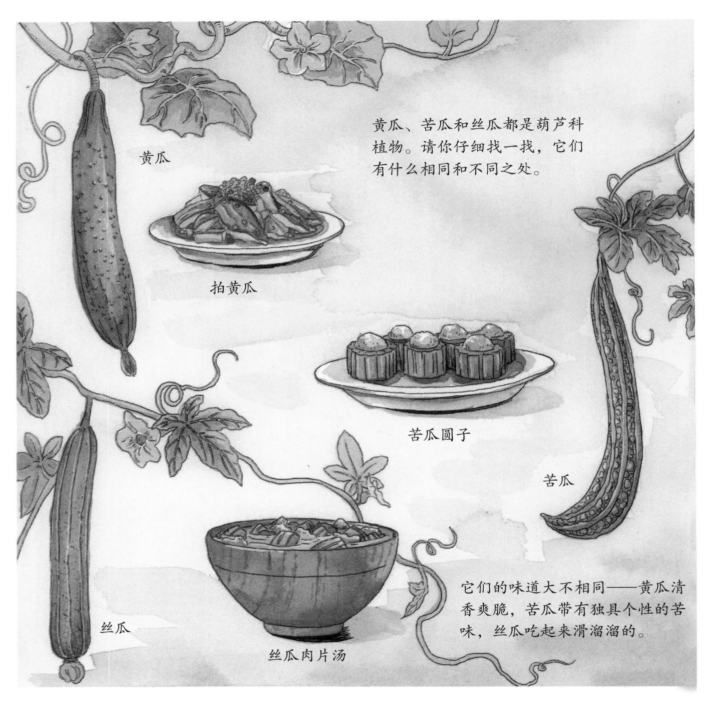

黄瓜

拍黄瓜

黄瓜、苦瓜和丝瓜都是葫芦科植物。请你仔细找一找，它们有什么相同和不同之处。

苦瓜圆子

苦瓜

它们的味道大不相同——黄瓜清香爽脆，苦瓜带有独具个性的苦味，丝瓜吃起来滑溜溜的。

丝瓜

丝瓜肉片汤

　　黄瓜、苦瓜和丝瓜长得不一样，吃起来味道也不同，但它们其实是植物学上的亲戚。

山药可食用的部分不是根，而是地下茎。

山药含有皂角素和植物碱，皮肤接触后会出现瘙痒、红肿、刺痛等过敏症状，所以处理山药的时候一定要小心，最好戴上橡胶手套。

山药不论清炒、炖汤，还是做成甜品，都美味极了！

你能想到哪些白色的蔬菜？我们先去山里找一找吧！

在山坡上，我们找到了山药。咦，这是白色蔬菜吗？先别急，把它洗一洗，再削去皮，是不是变得白白嫩嫩啦？

野生银耳数量十分稀少，在古代是非常名贵的补品。

据记载，清朝时四川通江就已开始人工栽培银耳了。

温暖潮湿的腐木上，长出了晶莹洁白的"花"。这是一种食用菌——银耳。

有关竹荪的文字记载最早可以追溯到唐朝。竹荪在古代为皇家贡品，满汉全席里的"草八珍"就包括了竹荪和银耳。

竹荪蛋花汤

21世纪初，中国的竹荪产量高达600多吨，如今竹荪已成为人人都能享用的食材。

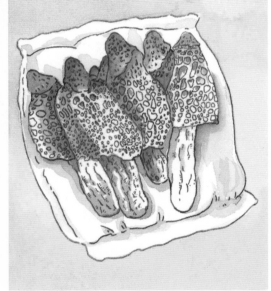

在山间的竹林里，还有一种白色伞状的食用菌——竹荪。

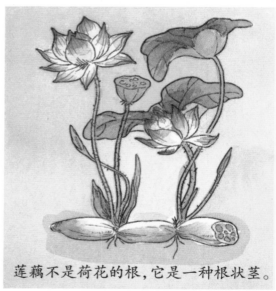

莲藕不是荷花的根，它是一种根状茎。

莲藕营养丰富，不论生吃、煲汤、煎炸还是做成甜品，都非常美味。

瞧，他们正在那里挖白白胖胖的莲藕呢！

茭白是一种禾本科植物，在植物学上和水稻是亲戚。

茭白是一种"因祸得福"的蔬菜，是禾本科植物菰（gū）感染真菌后膨大的茎。虽然它"生病"了，但不用担心，这种植物的病变对人体并没有害处。

茭白也是一种常见的白色水生蔬菜。

菜苔

苋菜

紫胡萝卜

紫扁豆

为什么这些蔬菜是紫色的?
因为它们富含花青素。花青素
是一种抗氧化剂, 经常食用有
利于抗衰老、缓解疲劳。

紫甘蓝

茄子

紫洋葱

还有一些蔬菜是紫色的, 比如常见的茄子、紫甘蓝和紫薯等。

有黑色的蔬菜吗？有，但不多，比如木耳和香菇——它们都是食用菌类蔬菜。

五颜六色的蔬菜王国实在是太神奇了！

哈密瓜、沙白瓜、白兰瓜是植物学上的亲戚，它们都属于甜瓜。中国栽培食用甜瓜已有4000多年的历史了。

李子

沙白瓜

椰子

杨梅

哈密瓜

西瓜

白兰瓜

去皮

劈开

杏

2000多年前，海南就已开始种植椰子。

你喜欢吃水果吗？超市里的水果种类可真多啊！

这些大大的水果总是摆在最醒目的位置，你能说出它们的名字吗？

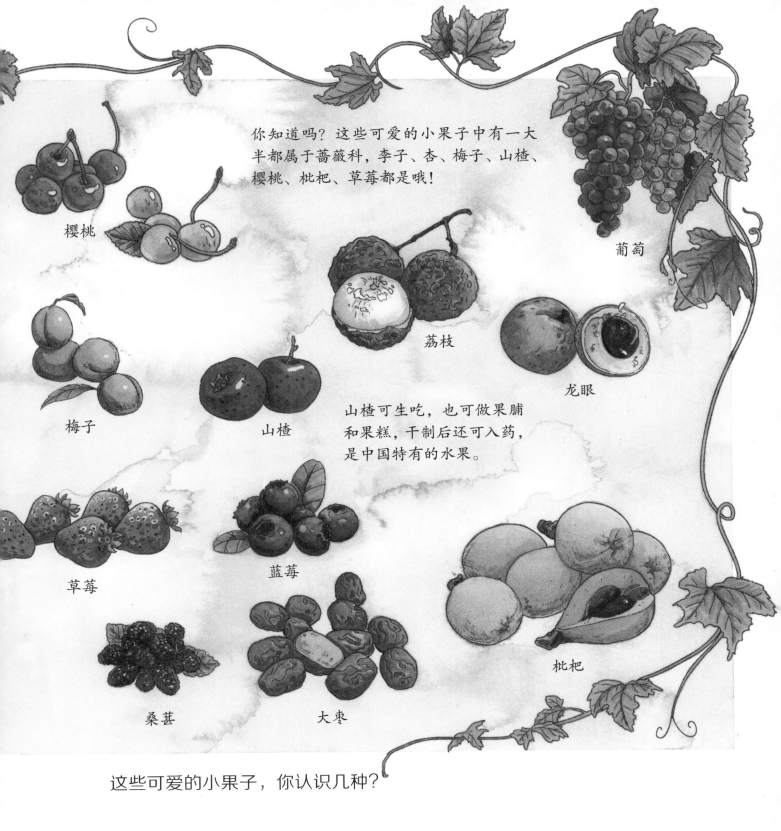

你知道吗？这些可爱的小果子中有一大半都属于蔷薇科，李子、杏、梅子、山楂、樱桃、枇杷、草莓都是哦！

樱桃

葡萄

荔枝

龙眼

梅子

山楂

山楂可生吃，也可做果脯和果糕，干制后还可入药，是中国特有的水果。

草莓

蓝莓

桑葚

大枣

枇杷

这些可爱的小果子，你认识几种？

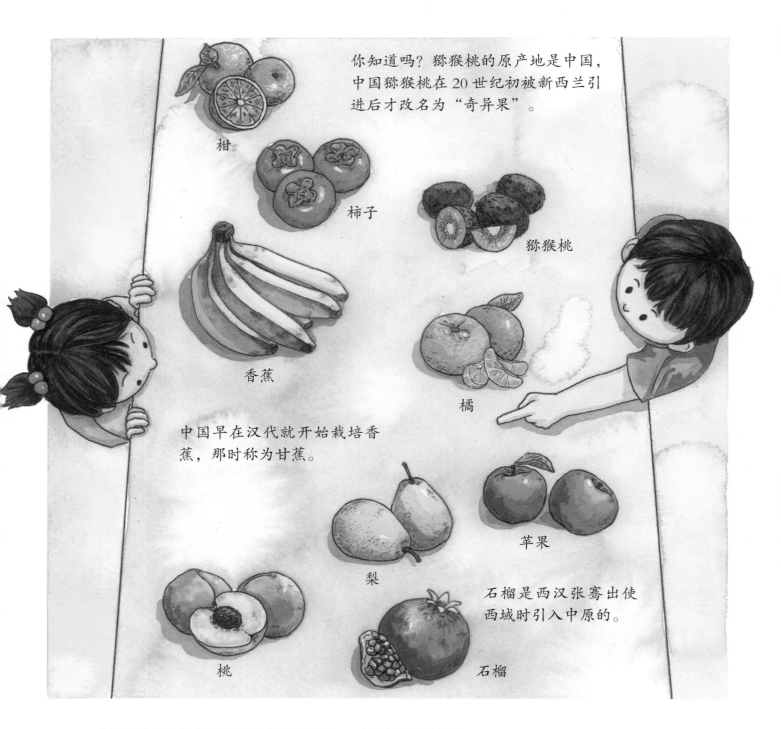

你知道吗？猕猴桃的原产地是中国，中国猕猴桃在 20 世纪初被新西兰引进后才改名为"奇异果"。

柑

柿子

猕猴桃

香蕉

橘

中国早在汉代就开始栽培香蕉，那时称为甘蕉。

梨

苹果

桃

石榴是西汉张骞出使西域时引入中原的。

石榴

这些水果大部分是我们常见的，你吃过哪些？

莲雾

杨桃

山竹的雌花不需要授粉就能自己结果。

山竹

菠萝是由一串小花发育而成的，可食用的部分是这串小花共同的梗。

菠萝

菠萝蜜

红毛丹

榴莲营养丰富，被誉为"水果之王"，但它浓烈的气味并不是每个人都能接受。

榴莲

火龙果是仙人掌科植物的果实。

火龙果

芒果中含有与油漆所含成分类似的酚类物质，很容易引发过敏。

芒果

哇！这些奇形怪状的果实也是水果吗？它们好像来自外星的神奇生物啊！

这些水果大都生长在热带地区，热带湿热的气候造就了多姿多彩的水果王国。

古人把桃、李、梅、杏、枣作为祭祀神仙的"五果"。

从古至今，水果一直是馈赠亲朋的礼品。

桃、李、梅、杏、枣是中国古代北方的原生水果品种。

在《西游记》里，天宫的王母娘娘祝寿会设"蟠桃盛会"招待各路神仙。

桃象征着长寿健康，民间年画上的寿星老爷爷，手里总是拿着寿桃。

桃为古代五果之首，可见古人对桃的重视与喜爱。

中国是桃的故乡，迄今已有 4000 多年的栽培史，中国有许多关于桃的神话传说。

关于枣的诗句，最早出现在《诗经·豳风·七月》：八月剥枣，十月获稻（八月开始打红枣，十月下田收稻谷）

在民间的新婚典礼中，枣是必备的果品，有着"早（枣）生贵子"的寓意。

枣可以鲜吃，也可以晒干了吃，还可以深加工，制作出很多可口的美食。

鲜枣

蜜饯枣

干枣

枣糕

维生素

果糖

枣的维生素含量非常高，有"天然维生素丸"的美誉。

枣的原产地是中国，中国种植和食用枣的历史十分悠久。

梨在中国有一个流传千古的
故事——孔融让梨。

东汉文学家孔融四岁的时候，和哥哥
们吃梨，总是拿小的吃。有人问他为
什么这么做，他回答说："小孩子食
量小，按道理应该拿小的。"

梨园——唐代训练乐工的机构，由于建造在一片
梨树间，所以叫梨园。后来中国人便将戏曲界称
为梨园界或梨园行，将戏曲演员称为梨园弟子。

梨是重要的中国传统水果。

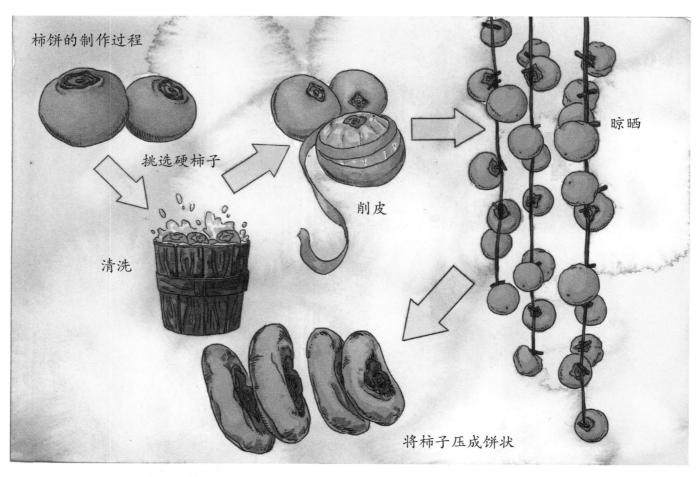

柿饼的制作过程

挑选硬柿子

清洗

削皮

晾晒

将柿子压成饼状

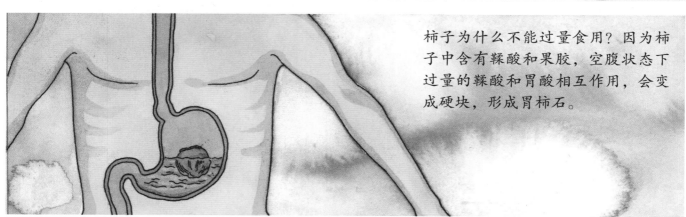

柿子为什么不能过量食用？因为柿子中含有鞣酸和果胶，空腹状态下过量的鞣酸和胃酸相互作用，会变成硬块，形成胃柿石。

柿子营养美味，可被加工制成柿饼。

柚

柑

荔枝

橘

龙眼

枇杷

橙

橄榄

杨梅

相传，有人到南边的吴国（长江下游地区）吃到了好吃的橘子，于是就把它移植到淮河的北边，结果却变成了酸的枳。

橘逾淮为枳。

中国南方的传统水果有橘、柚、柑、橙、荔枝、龙眼、枇杷、杨梅、橄榄等。

柑：果皮较厚，通常为黄色或橙红色。

橘：果实较小，扁圆形，果皮薄，容易剥离。

橙：果皮光滑，且较薄，不易剥离。

柚：果实很大，果皮也很厚。

柑橘全身都是宝，不仅果肉可以吃，果皮还可以泡茶喝。晒干的橘子皮，又称陈皮，是一种常见的中药。

　　柑橘类水果可以分为柑、橘、橙、柚四大类。这些水果的外表很像，你能分清它们吗？

离支 → 荔枝

有关荔枝的文字记载，最早始于西汉司马相如的《上林赋》。文中将"荔枝"写作"离支"，意思是"割去枝丫"。古人早就认识到，这种水果连枝割下能延长保鲜期。

中国历史上关于荔枝最有名的记载是杨贵妃爱吃荔枝的故事。

唐朝大诗人杜牧的《过华清宫绝句》写道："长安回望绣成堆，山顶千门次第开。一骑红尘妃子笑，无人知是荔枝来。"

荔枝原产于中国南方，营养美味，但是不耐储存。

传说很久以前，福建一带有条恶龙兴风作浪，危害人间。有个武艺高强的少年，名叫桂圆，决心为民除害。

桂圆手举钢刀，刺瞎恶龙双眼，恶龙毙命，而他也负伤过重死了。几年后，在少年死去的地方长出一棵果树，人们便称之为"龙眼"，也叫"桂圆"。

　　龙眼，又称桂圆，营养丰富，有"果中珍品"之称，在我国已有 2000 多年的栽培历史。

枇杷在秋天或初冬开花，果实在春天至初夏成熟，早于大部分水果。

枇杷花

枇杷果

枇杷可以入药，如著名的枇杷膏，可以止咳化痰。

枇杷树

枇杷膏

枇杷还是常见的国画题材，著名国画家齐白石、吴昌硕、徐悲鸿等，都很爱画枇杷。

枇杷原产于中国东南部，因为叶子形状像乐器琵琶而得名。

　　张骞通西域，架起了中西交流的桥梁，许多原产于西域或西方的水果经由陆上丝绸之路和后来的海上丝绸之路引入中国，比如葡萄、石榴等。

古埃及壁画上有人们收获葡萄和酿制葡萄酒的图案。

希腊是欧洲最早开始种植葡萄并酿制葡萄酒的国家。

公元前6世纪，希腊人把葡萄和葡萄酒通过马赛港传入高卢（今法国）。

大航海时代到来，葡萄和葡萄酒跟随探险家们的步伐，传到全世界。

葡萄是世界上最古老的水果之一，源于里海地区和地中海沿岸。
"葡萄"一词是从希腊语翻译过来的。

在中国，葡萄酒最初是皇亲国戚、达官贵人才能享用的珍品。

隋唐时期，葡萄种植业和葡萄酒文化空前繁荣。唐代边塞诗人王翰在《凉州词》中写道："葡萄美酒夜光杯，欲饮琵琶马上催。"

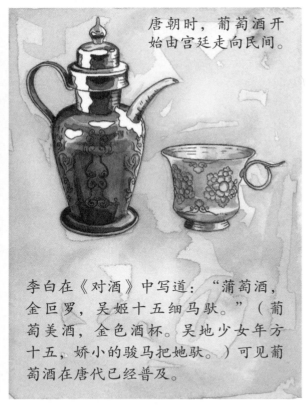

唐朝时，葡萄酒开始由宫廷走向民间。

李白在《对酒》中写道："蒲萄酒，金巨罗，吴姬十五细马驮。"（葡萄美酒，金色酒杯。吴地少女年方十五，娇小的骏马把她驮。）可见葡萄酒在唐代已经普及。

张骞出使西域，将西域的葡萄栽培及葡萄酒酿造技术引进中原，西方的葡萄酒文化开始在华夏大地上广泛传播。

采摘

筛选

去梗破皮

浸皮

发酵　　　　　过滤澄清　　　　橡木桶培养　　　装瓶

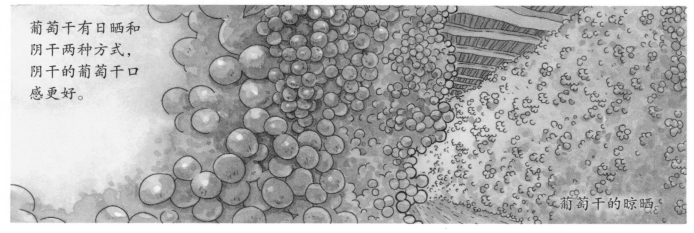
葡萄干有日晒和阴干两种方式，阴干的葡萄干口感更好。

葡萄干的晾晒

葡萄是一种营养美味的水果，除了可以直接食用、酿酒，还能做成葡萄干。

苹果营养全面丰富

钾
磷
钙
镁
钠
铁
锌
维生素 C
维生素 E
维生素 B$_3$
维生素 B$_6$
维生素 B$_1$
维生素 B$_9$
维生素 A

苹果是日常生活中最常见的水果之一，西方人对苹果的营养价值推崇备至，有一句民间谚语说："每天一苹果，医生远离我。"

人们将引进的苹果树种与本地的苹果树种相嫁接，培育出了新品种。多亏了勤劳的农民伯伯，我们才能吃到香甜可口的苹果。

苹果真正开始走进中国人的生活，是在 19 世纪 70 年代初。

苹果多在3~4月或
6~8月嫁接，嫁接方
法有芽接、枝接等。

在中国常见的苹果品种有：

红富士

嘎拉

寒富

嫁接过程分解：

枝接

接穗——

砧木

芽接

接穗——

砧木

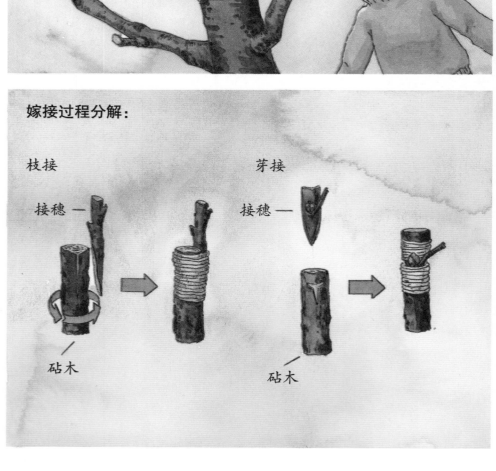

　　大多数果树，如苹果、梨、桃、李、柑橘等普遍采用嫁接的方法繁殖，可
使果树提早开花、结果，并且能够保持母株的优良基因。

国光

黄元帅

红星

澳青

红将军

花牛

现在，中国是世界上苹果种植面积最大的国家之一。

奇特的茎叶

美丽的花草

植物的馈赠

不一样的植物

史前动物与身边动物

沙漠动物与水中动物

极地动物与热带动物

地上和地下的动物王国

汽车飞机跑得快

轮船列车肚量大

工程机械好帮手

让一让城市作业车

花样主食和糕点

蔬菜水果要多吃

肉类水产营养多

大豆和调味品的秘密

海洋生物大揭秘

另类海洋生物

海底宝藏探秘

不可捉摸的海洋

奇妙的身体和衣服

身边的科学

物品哪里来

神奇电器仿生学

神奇的地球

善变的地球

地球和恒星

从银河系到宇宙

图书在版编目（CIP）数据

蔬菜水果要多吃 / 蓝灯童画著绘 . -- 兰州 : 甘肃
科学技术出版社 , 2020.12
ISBN 978-7-5424-2787-8

Ⅰ . ①蔬… Ⅱ . ①蓝… Ⅲ . ①蔬菜－儿童读物②水果
－儿童读物 Ⅳ . ① S63-49 ② S66-49

中国版本图书馆 CIP 数据核字 (2020) 第 258752 号

SHUCAI SHUIGUO YAO DUOCHI

蔬菜水果要多吃

蓝灯童画 著绘

项目团队	星图说
责任编辑	宋学娟
封面设计	吕宜昌

出　版	甘肃科学技术出版社
社　址	兰州市城关区曹家巷1号新闻出版大厦　730030
网　址	www.gskejipress.com
电　话	0931-8125103 （编辑部） 0931-8773237 （发行部）

发　行	甘肃科学技术出版社	印　刷	天津博海升印刷有限公司
开　本	889mm×1082mm　1/16	印　张	3.5　字　数　24千
版　次	2021年10月第1版		
印　次	2021年10月第1次印刷		
书　号	ISBN 978-7-5424-2787-8　定　价　58.00元		